《问问物理学》

镜子里的物体为什么左右相反？

[英] 安娜·克莱伯恩 著　胡良 译

电子工业出版社
Publishing House of Electronics Industry
北京·BEIJING

本书中文简体版专有出版权由HODDER AND STOUGHTON LIMITED
经由CA-LINK International LLC授予电子工业出版社，未经许可，
不得以任何方式复制或抄袭本书的任何部分。

版权贸易合同登记号　图字：01-2021-1839

图书在版编目（CIP）数据

问问物理学.镜子里的物体为什么左右相反？/（英）安娜·克莱伯恩
著；胡良译.--北京：电子工业出版社，2022.6
ISBN 978-7-121-43354-2

Ⅰ.①问…　Ⅱ.①安…②胡…　Ⅲ.①物理学－少儿读物　Ⅳ.①O4-49

中国版本图书馆CIP数据核字（2022）第070434号

责任编辑：刘香玉
印　　刷：北京瑞禾彩色印刷有限公司
装　　订：北京瑞禾彩色印刷有限公司
出版发行：电子工业出版社
　　　　　北京市海淀区万寿路173信箱　邮编：100036
开　　本：889×1194　1/16　印张：10　字数：207千字
版　　次：2022年6月第1版
印　　次：2022年7月第2次印刷
定　　价：120.00元（全5册）

凡所购买电子工业出版社图书有缺损问题，请向购买书店调
换。若书店售缺，请与本社发行部联系，联系及邮购电话：（010）
88254888，88258888。

质量投诉请发邮件至zlts@phei.com.cn，盗版侵权举报请发邮件
至dbqq@phei.com.cn。

本书咨询联系方式：（010）88254161转1826，lxy@phei.com.cn。

目录

光是什么? **4**

关灯后，光去了哪里? **6**

镜子里的物体为什么左右相反? **8**

月亮为什么会发光? **10**

为什么你的影子有时长、有时短? **12**

为什么望远镜使物体看起来更近了? **14**

白天为什么很难看到星星? **16**

物体为什么会呈现不同的颜色? **18**

彩虹为什么遥不可及? **20**

光线是怎样进入我们的眼睛的? **22**

X光为什么能够透视身体? **24**

隐形斗篷真的存在吗? **26**

快问快答 **28**

术语表 **30**

光是什么？

光是一种能量。

在我们的生活中，存在各种各样的
能量，如热能、声能、动能和电能。

不寻常的能量

作为一种能量，光具有不同于其他能量
形式的独特性质：首先，光可以被我们
的眼睛所感知；其次，它可以在很长距
离内快速传播。

这就是为什么我们可以看到星光，
即使这些星星距离地球有数万亿
千米远。

光来自何处？

无论光线强弱，光都来自光源。生活中常见的光源有：

灯塔

灯泡

蜡烛

太阳

发光的萤火虫

4

能量不会凭空产生，只能来自能量的转换。

比如，当电能流过灯泡时，灯泡就会发光。

蜡烛燃烧发光，是因为蜡储存了化学能量。

光线

光以光线或光束的形式从光源快速发出。下图形象地展示了光从灯塔（光源）照向远方时发生的情况。当然现实中我们根本看不到这样单独的光线和波，你只能看到光或者正在发光的物体。

 光沿直线传播。

光还以波的形式运动，是电磁波的一种。

光的奥秘

光真的很神奇。我们一起看看下面这些奇特的事实！

在一些实验中，光可以清楚地看出来是波。但在另一些实验中，光更像是一连串的"小能量包"，科学家称它们为光子。

强大的引力可以使光弯曲，但没有人知道是如何弯曲的！

光的传播速度位列宇宙第一，至今没有发现比光速更快的速度。

不要打我！

有点儿"迷惑"了吗？其实，感到"迷惑"的人不止你一个。
科学家们还在孜孜不倦地研究光，
试图更好地了解和掌握光的知识。
幸运的是，我们已经能够回答一些问题了。
接下来，我们一起去看看吧！

关灯后，光去了哪里？

睡觉时间到了，你关掉了卧室里的灯，房间瞬间陷入黑暗中。这样，你就可以安然入睡了！否则，在亮如白昼的房间里，睡眠将变得困难。

晚安!

但你有没有想过，关灯后，光到哪里去了呢？难道不是应该所有的光还在房间里被不断反射，并照亮房间吗？

是的!

确实是这样的。但这个过程持续的时间非常非常短，以至于你感觉不到，其根本原因是光的传播速度快得令人难以置信。

我们之所以能够看到不发光的物体，就是因为物体反射的光进入了我们的眼睛。

书

灯泡发出的光沿直线向外扩散传播，碰到这个范围内的障碍物。

比如，你看到书在那里，就是光在书上发生了反射，一部分光进入你的眼睛里。

灯泡

眼睛

吸收光

然而，光线碰到物体表面后并不能全部被反射，物体会吸收全部或部分光线，包括镜子也会吸收一小部分光。

物体吸收光能后，其内部的原子运动加快，进而温度稍微升高。也就是说，光能转换成了热能，所以光不见了。

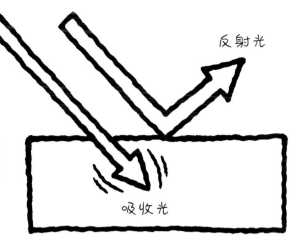

反射光

吸收光

熄灯！

关灯后，最后的光束仍会在房间内快速传播。每碰到一个物体表面，光就会被吸收掉一部分，剩余的反射光继续重复这一过程，直到所有光全部消失。

光传播的速度非常非常快，堪称超级速度……

每秒约30万千米！

因此，周围所有的光的反射与吸收几乎都发生在眨眼之间——你就在黑暗中了！

熄灭太阳

设想一下，如果现在突然把太阳熄灭了。（别担心，这种情况不会真实发生的！）虽然光传播的速度很快，但太阳距离地球太遥远了，所以太阳光需要大约8分20秒才能到达地球。

太阳

约1.5亿千米

地球

当太阳熄灭时，我们不会立刻发现，因为太阳光仍然在向我们传来。但大约8分20秒后，所有的一切都将处于黑暗之中！

7

镜子里的物体为什么左右相反？

在一张纸上写下"你好"两个字，然后拿着它对着镜子看，你会发现镜子里这两个字是左右相反的，就像右图这样。

当你照镜子的时候，你看到的自己也是左右相反的。

试试看！

猫咪玛吉

玛吉看到的镜子里的自己

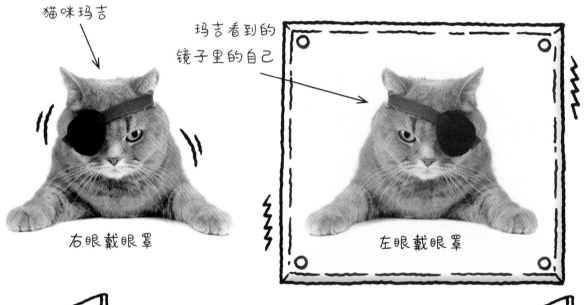

右眼戴眼罩

左眼戴眼罩

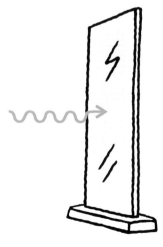

为什么会这样？

为什么镜子里的物体看起来左右相反，像是发生了颠倒呢？有人常常对此感到困惑……但答案其实很简单：**镜子不会颠倒任何物体！**

当光线照射到镜子上时，它们被直接反射。

如果你在镜子前站好，镜子会直接映出你的身体，就像下图这样。

你的头仍在上面，你的脚仍在下面。

你的右臂仍在镜子里的你的右侧。

身体的右侧仍在镜子里的你的右侧。

光线

根本没有颠倒!

镜子里的字也是一样。

那么，为什么我们会觉得左右相反呢?

因为我们是面对着镜子的。

设想一下，如果有两个你。

你好，另一个我!

为了看清另外一个自己，你需要跟他面对面。

如果你想在镜子里看清楚对方，对方就必须也面对镜子前面的你，因此与你相比，对方的左右就颠倒了。

当你拿着写好字的纸站在镜子前面时，你将它反过来面对镜子，它自然就是左右颠倒的。镜子只是反射镜前的实际情况。

9

月亮为什么会发光？

在晴朗的夜晚，我们经常可以看到月亮在夜空闪耀，特别是满月的时候。
实际上，很久以前，在路灯还没有出现的时候，人们经常借助月光走夜路。

然而，月亮并不是真正的光源。实际上它根本不会发光！我们所看到并称为"月光"的，实际上是太阳光。月亮将太阳光反射到地球上，它就像天空中的一面大镜子。

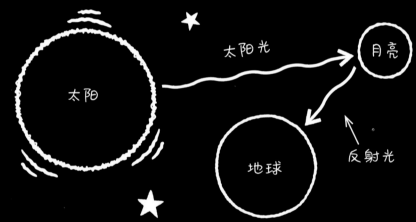

月亮为什么会有圆缺？

你可能已经注意到了，在任何前后相连的两天里，月亮看起来都不一样。

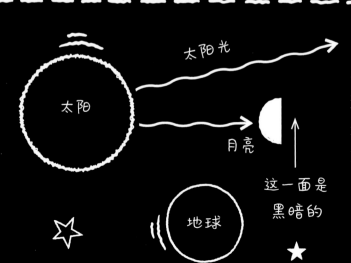

为什么会这样？

不论何时，太阳光都照耀着月亮的一半。因为光线沿直线传播，所以太阳光根本无法照到月亮的另一面。

但是，当月球围绕地球运转时，我们能从不同的角度看到它。比如在这张图中，月亮运转到靠近太阳的一侧。

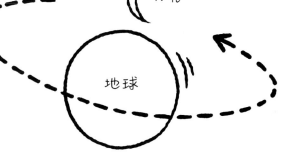

太阳

从地球上，我们就只能看到月球面向地球被照亮的那部分，所以月球看起来是月牙状的。

月亮

地球

周而复始

月球绕地球公转，一个周期用时约一个月。在这段时间里，它从新月变成满月，然后又慢慢变回新月。

月相

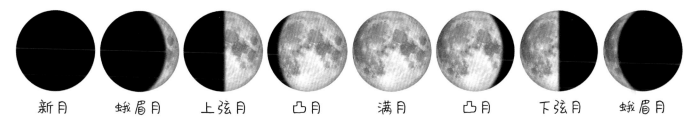

| 新月 | 蛾眉月 | 上弦月 | 凸月 | 满月 | 凸月 | 下弦月 | 蛾眉月 |

你知道吗？

恒星

行星

行星发光吗？
在夜空中，行星似乎像恒星一样闪耀。其实，行星并不发光。

恒星是光源，
会散发出光能。
行星只是岩石、液体、冰或气体组成的大球，像月亮一样，它们本身并不发光——只是反射太阳光。

火星是由红色岩石组成的行星。

土星是主要由气体组成的行星，带有由岩石和冰组成的光环。

你知道的，我很安静！

11

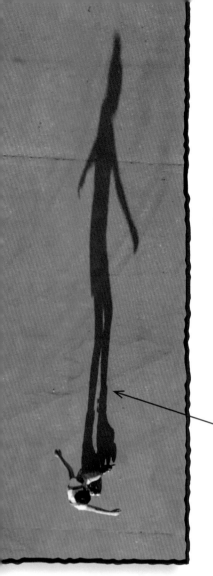

为什么你的影子有时长、有时短？

你有没有发现，人的影子有时候很短，有时候又真的很长！如果夜晚从路灯下走过，你一定能够看到自己的影子随着你的走动而不断变化。

长长长长长的影子

直线传播

阴影的产生，究其根本原因还是光沿直线传播。

光从光源中发出。

当光线到达一个不透明物体时，光线会被反射而离开物体或被物体吸收。

另外一些光线没有接触物体，继续沿直线前进。

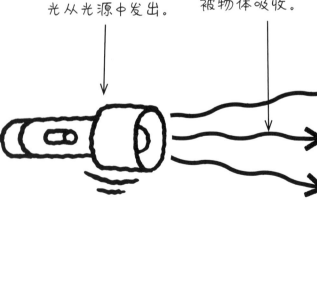

所以在物体后面出现一个光线无法到达的阴影区域。

影子

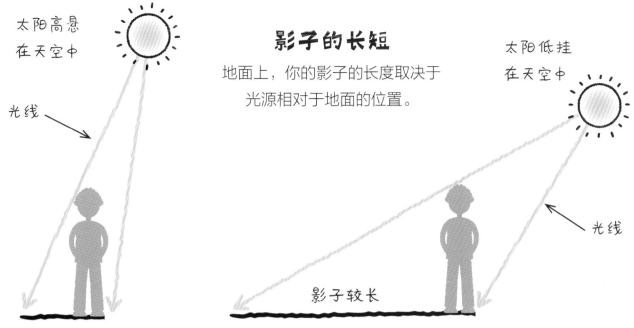

太阳高悬
在天空中

光线

影子很短

影子的长短

地面上，你的影子的长度取决于
光源相对于地面的位置。

太阳低挂
在天空中

光线

影子较长

当光源较低时，光线必须传播得更远才能越过你，
因此身影被拉伸得更长。

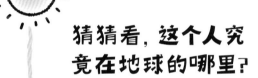

猜猜看，这个人究竟在地球的哪里？

他的影子太短了，几乎就
在身体的正下方。

太阳

如果你看到了这样的影子，这意味着太阳就在你的
头顶的正上方——天空的正中央。这种情况只能发
生在赤道上或赤道附近的地方，此时赤道和太阳在
一条直线上。

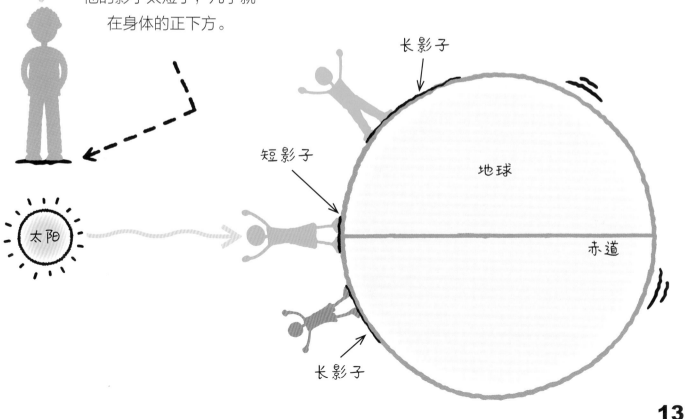

长影子

短影子

地球

赤道

长影子

为什么望远镜使物体看起来更近了？

用双筒望远镜观察远在街那头的鸟巢，你能够清楚地看到那只鸟和它的巢——就好像它们近在眼前一样！

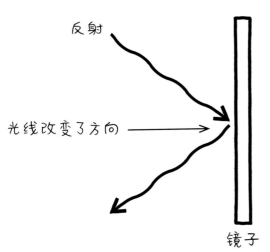

嘘！这就是为什么观鸟人更喜欢使用双筒望远镜去观鸟，因为这样不会惊扰到鸟儿们。

但这是怎么做到的呢？

你知道光是沿直线传播的吧？其实望远镜的工作原理只是比这个略微复杂一点儿。实际上，光在传播过程中是可以改变方向的。例如，当光线照射到镜子或其他物体表面时，它会被反射或折射……

反射

光线改变了方向

镜子

折射

当光线从一种透明介质进入另一种透明介质，比如从空气进入玻璃，它们的传播方向会发生变化。这种现象被称为光的折射。

光线发生了折射

空气

空气

玻璃窗

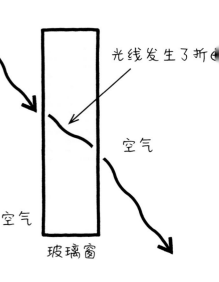

镜头

双筒望远镜的基本工作原理是利用了特殊的弧形玻璃镜片——凸透镜的折射功能。

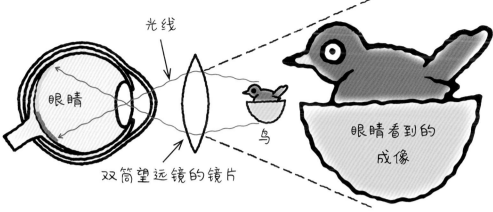

光线

眼睛

鸟

双筒望远镜的镜片

眼睛看到的成像

凸透镜的镜片使光线向内弯曲，这会在眼睛后部的视网膜上产生一个更大的图像，所以这只鸟和它的巢看起来变大了。物体看起来非常近、非常大，这只鸟也就显得近在眼前了。

仔细看看！

为了更清晰地观察物体，我们在许多设备中使用了透镜。

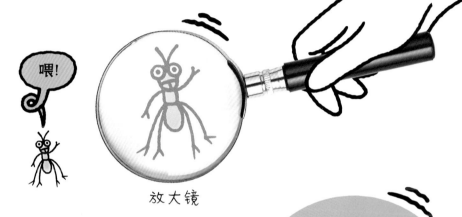

喂!

放大镜

望远镜

显微镜

玻璃杯消失了！

这个折射实验请在家长的帮助下完成。实验需要一个玻璃碗或玻璃壶、一个小玻璃杯和一些婴儿润肤油。

① 把小玻璃杯放到玻璃碗（或玻璃壶）中；

② 向玻璃碗（或玻璃壶）中挤入足够多的婴儿润肤油，直到把小玻璃杯完全淹没；

③ 小玻璃杯不见了！

不同物质折射光的能力不同，有些物质的折射能力更强。玻璃和婴儿润肤油折射光的能力相当。当小玻璃杯浸在油中时，光线先后穿过它们时并没有发生太多弯曲，以至于很难识别出小玻璃杯。

白天为什么很难看到星星？

在晴朗的黑夜，我们能看到满天繁星。而在白天，即使天气再好，我们也看不到一颗星星，那么星星到哪里去了呢？实际上，它们哪儿也没去，还在原来的位置。

没错！当你在晴朗的白天仰望天空时，你的视野里仍然有数不清的星星，地球一如既往地被星星包围着。

你只是看不到它们！

为什么会这样？

太阳是一颗恒星。与其他恒星相比，太阳离地球最近。太阳距离地球约1.5亿千米，而距离地球最近的其他恒星则远在40万亿千米之外。所以，对生活在地球上的我们来说，星星看起来比太阳小得多，也暗得多。

夜空……

在夜晚，一个小小的、微弱的光点也很容易被看到。

晴朗的白天……

白天，巨大而明亮的太阳在天空中照耀着。它不仅自身明亮，还照亮了整个天空。当光线照射到大气层中的空气微粒时，它向四面八方散开，特别是蓝光，它使整个天空看起来都是明亮的蓝色。

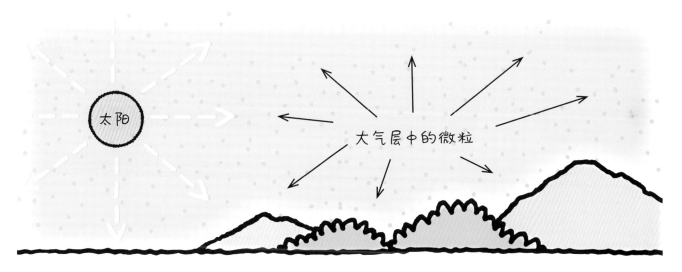

现在，阳光下的天空比星光要明亮得多，因此星星无法被看见。

进入你眼睛中的光线

之所以白天很难看到星星，我们的眼睛也在其中扮演了部分角色。

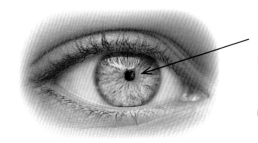

光线明亮时，我们的瞳孔会收缩，减少进入眼睛的光线，使眼睛免受损伤。

拉上窗帘！

在一个明亮的房间里，我们很难看到一根小小的蜡烛的火焰。但如果拉上窗帘，房间瞬间变暗，就可以清楚地看到火焰啦。

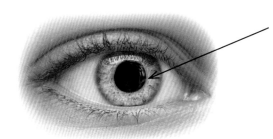

光线昏暗时，我们的瞳孔会张开，让更多的光线进入眼睛。

所以在夜晚，我们的眼睛对微弱的、闪烁的星光更加敏感。

物体为什么会呈现不同的颜色？

这件T恤是什么颜色的？
当然是黄色的！

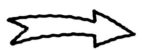

确定吗？

你有没有想过，为什么有的物体是黄色的，而有的物体是粉色的、橙色的或黑色的？

实际上，这一切都与光线如何被物体反射有关。

那么，"黄色的"到底意味着什么呢？

光的颜色

光线以电磁波（一种能量）的形式在空中传播，而电磁波都具有一定的波长。

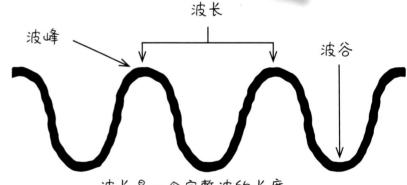

波长
波峰
波谷

波长是一个完整波的长度。

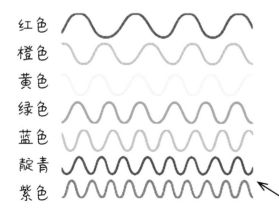

红色
橙色
黄色
绿色
蓝色
靛青
紫色

光谱（光的波谱）

光的波长并非都一样，事实上，光具有许多不同的波长。我们将这些不同的波长称为光谱或颜色范围（在彩虹中就可以看到）。红光的波长最长，而紫光的波长最短，其他颜色的光介于两者之间。

可见光（我们用眼睛可以直接看到的光）

18

颜色为什么分为七种?

实际上，彩色光谱中并非只有七种颜色。随着波长的增加，颜色在逐渐变化。

我看有七种。

著名科学家艾萨克·牛顿（1643—1727）将光分成七种颜色并分别命名。

现在再来看看T恤

那么，一个物体或一个表面是如何呈现出一种颜色的呢？太阳或灯泡发出的光是由所有波长的光混合在一起形成的，所以我们看到的就是白光。

太阳

眼睛

物体的表面反射光，同时也吸收一部分光。

黄色的表面，就像这件T恤，它吸收了其他颜色的光……

却反射了黄色光。所以我们看到它是黄色的！

白色的物体反射所有波长的光，所以我们看到它是白色的。

黑色的物体吸收了几乎所有波长的光，所以它看起来是黑色的。

有些物体能够反射一些不同波长的光的组合，就像这只棕色的玩具熊。

黑暗中的色彩

在黑暗中，我们很难看清颜色——一切看起来都是暗灰色的。只有白光照射在物体上，你才能正确识别出颜色。没有光，一切就没有了颜色！

彩虹为什么遥不可及？

这只是彩虹众多奥秘中的一个。我们为什么不能飞越彩虹呢？为什么找不到彩虹的尽头呢？（传说中，彩虹的尽头有一罐金子。）

为什么会出现彩虹呢？

色彩与阳光

彩虹的颜色来自太阳。明亮的白色阳光包含所有不同波长或颜色的可见光（见第18~19页）。

雨滴魔法

当阳光照进雨滴，光线被雨滴折射和反射，发生了弯曲。

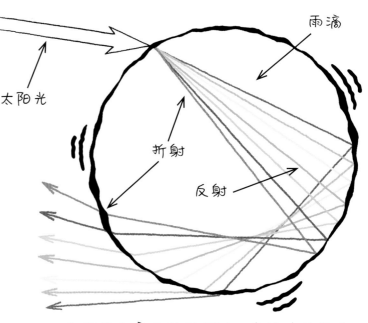

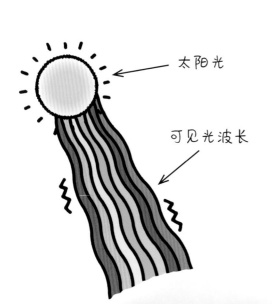

太阳光

可见光波长

雨滴

太阳光

折射

反射

光线发生弯曲的过程中，有些波长的光比其他波长的光弯曲的幅度更大，这就使得光线分散成不同的颜色。

观察彩虹

当你看到彩虹的时候，你看到的天空其实布满了许多微小的雨滴，太阳从你身后照耀着它们。

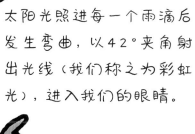

太阳光照进每一个雨滴后发生弯曲，以42°夹角射出光线（我们称之为彩虹光），进入我们的眼睛。

你只有处在合适的位置，彩虹光才能反射到你的眼睛里，这时你才能看到彩虹。

这就是为什么你永远看不到近距离的彩虹，也看不到远处的小彩虹。只有当你处在恰好的角度和距离时，你才能看到彩虹。

彩虹是圆的！

你在地面上看到的彩虹通常是弓形或半圆形的。但如果没有地面的影响，彩虹会是一个完整的圆。

人们有时在飞机上能够看到圆形的彩虹。

光线是怎样进入我们的眼睛的？

我们的地球时刻沐浴在太阳、月亮和星星的光中，并通过地表各种各样的物体或表面不断地向四面八方反射或折射光线。

所以，能够感知光是非常重要的能力，也是非常有用的能力。拥有了这种能力，无论物体距离我们远近，只要有光线传来，我们就可以感知物体的位置。所以，随着时间的推移，动物进化出了各种各样的眼睛。

锤头鲨

眼睛在头的侧面

哺乳动物、鸟类、蜥蜴和鱼一般都有两只眼睛。

巨大的眼睛

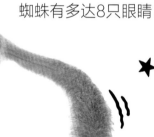

婴猴

蜘蛛有多达8只眼睛。

眼睛

跳蛛

扇贝的眼睛有一打（12只）那么多！

最简单的眼睛只是个斑点，它们只能通过感知光来分辨白天和黑夜。

到睡觉的时间了！

眼睛

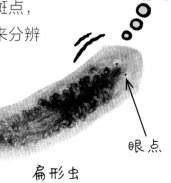

眼点

扁形虫

人类的眼睛

随着时间的推移，包括人类在内，许多动物都发育出了相当复杂的眼睛。根据光线情况，眼睛能够自适应调节，获取世界的清晰图像——就像照相机一样。（实际上，照相机是模仿了人的眼睛！）

揭秘！

下面，我们来看看光线是如何进入人的眼睛，以及如何成像的。

① 来自光源的光线被物体反射出去；

② 被物体反射出去的光线通过角膜和瞳孔进入人的眼睛；

③ 角膜和晶状体折射或弯曲光线，以使光线正好聚焦在眼睛后部的视网膜上；

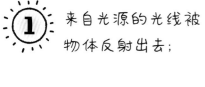

角膜

瞳孔

晶状体

视网膜

视神经

④ 在视网膜上，图像是上下颠倒的；

⑤ 视网膜中的细胞识别光的不同强度和颜色；

⑥ 它们通过视神经向大脑发送信号；

⑦ 大脑理解图像并将其正确翻转到位。

大脑

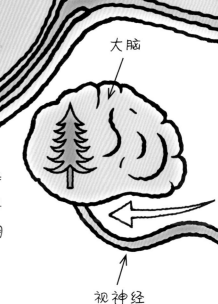

视神经

X光为什么能够透视身体？

哎哟!

如果你的骨头受了伤，你可能会被医生要求拍一种特殊的照片——你身体内部骨骼的照片！

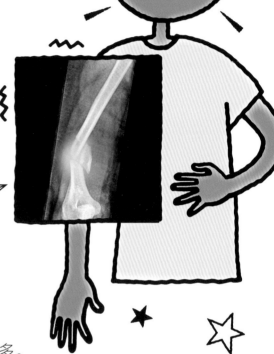

X光片是一种照片，但它利用的不是我们肉眼直接可见的普通光，而是一种特殊的光——X射线！

不可见光

没错！光的范围要比我们的眼睛能够看到的宽泛得多。

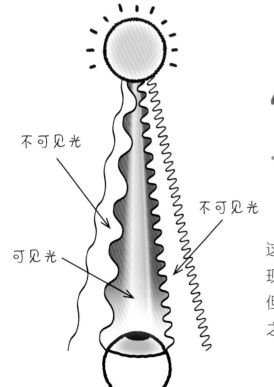

不可见光

不可见光

可见光

可见光各有自己特定的波长和颜色……

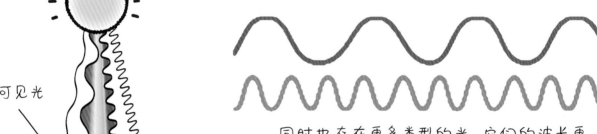

同时也存在更多类型的光，它们的波长更长或更短。

这些都是相同类型的波，我们称之为电磁波。它们的表现方式一样，也以同样的速度（难以置信的快）传播。但我们的眼睛只能看到处于有限波长范围的光，我们称之为可见光。其他的都是不可见光。

电磁波谱

下图展示了电磁波的波谱，从最短波到最长波的整个范围，
包括X射线、微波和无线电波。

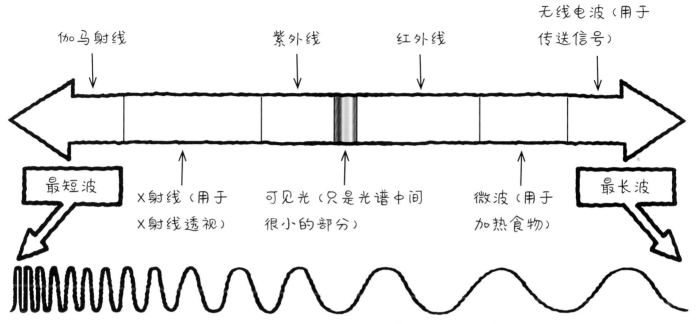

伽马射线　　　　紫外线　　红外线　　　无线电波（用于传送信号）

最短波　　X射线（用于X射线透视）　　可见光（只是光谱中间很小的部分）　　微波（用于加热食物）　　最长波

X射线

X射线是一种较短的电磁波，它可以穿透一些可见光无法穿越的物体。这就是X射线能够透视身体的原理。

X光机发出的X射线照进人的身体。它们能穿透肌肉等身体组织，但大部分会被骨骼阻挡。

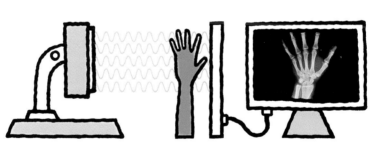

探测器屏幕检测穿过身体的光线，产生图像。

X代表未知！

为什么叫"X射线"？

德国科学家威廉·伦琴（1845—1923）在1895年发现了X射线，但他不确定它们是什么，所以将其命名为X射线。因为在数学中，X代表着未知。这个名字一直沿用至今！

隐形斗篷真的存在吗？

在《哈利·波特》的故事中，哈利·波特能够利用他神奇的隐形斗篷让自己消失。我们大多数人也都热衷于拥有隐身这一特异功能，那么，隐形斗篷真的存在吗？

可见的

隐形的！

哈利·波特的隐形斗篷是借助了魔法的力量，现实中没人能做到！要制造一件在现实世界中具有隐形功能的衣服，我们就要用科学的方法。

科学家们正在努力实现这一目标，他们想出了一些绝妙的主意……

① 使周围的光线发生弯曲

这种方法利用透镜的折射功能，经过多次折射实现物体周围光的弯曲。当你看向物体时，你的眼睛感知的是物体后面射来的光，所以看起来就好像物体不在那里。

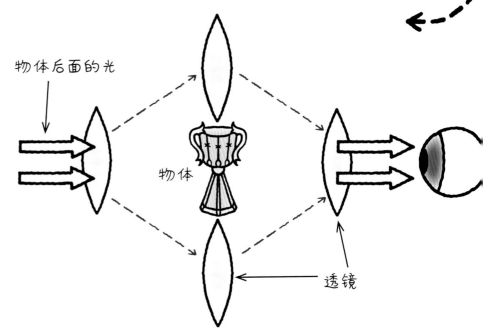

物体后面的光

物体

透镜

② 定向引导光线

与方法1类似，通过细微的光缆引导物体周围的光线改变传播方向。

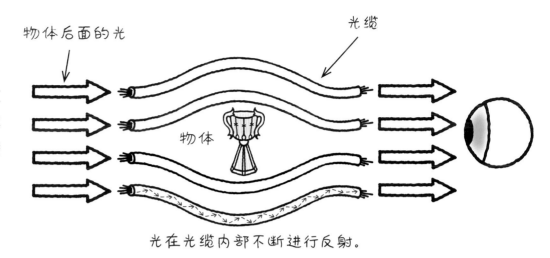

物体后面的光

光缆

物体

光在光缆内部不断进行反射。

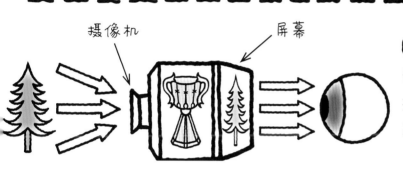

摄像机

屏幕

③ 背景投影

设备后部装有摄像机，前部装有屏幕。摄像机拍下后面的景象并将之投影到屏幕上呈现。

④ 变光穿透

该设备捕获照射在物体上的光线，将其转变为可以穿过物体的另一种光线（例如X射线），然后在另一侧再将光线变回可见光，这样中间的物体就像是透明的。

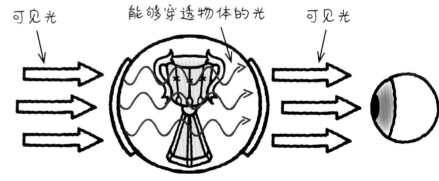

可见光

能够穿透物体的光

可见光

哪里能够买到隐形斗篷？

遗憾的是，我们还没有发明出来哈利·波特款的隐形斗篷。到目前为止，科学家们只实现了小物体静止状态下的短时间"隐形"。

我就在这儿!

快问快答

光能让我们看到"过去"吗?

设想一下，太空中有个物体距离我们远在一百光年之外。当我们看到它的时候，我们看到的是历经百年才到达地球的光，而这光是那个物体在一百年前发出的，所以现在我们实际看到的是那个物体一百年前的样子！

黑洞为什么是黑色的?

黑洞是具有强大吸引力的宇宙物体，它的吸引力之大以至于可以吸收光线。如果光线离黑洞足够近，它们就会被吸进去，无法逃脱，所以我们永远看不到光线在黑洞中闪耀或反射出来，这样看上去黑洞就完全是黑的。

阳光照到身上为什么会感到温暖?

除可见光外，太阳光中还含有波长比红色可见光稍长的红外线。我们的皮肤可以吸收红外线，而在身体中光能使皮肤中的分子运动加快，于是我们感觉变热了。

为什么有些人会丧失对某些颜色的识别能力？

我们的眼睛通过视网膜中的视锥细胞来识别颜色，不同的视锥细胞对不同的颜色敏感，你可以通过光线触发的视锥细胞的组合来判断物体是什么颜色的。有些人之所以会很难识别或者区分某些颜色，是因为他们的一些视锥细胞不能正常工作。

为什么人的腿在泳池里看起来变短了？

这是因为光的折射。从腿上反射的光在离开水面进入空气时会发生折射和弯曲。对我们的眼睛来说，弯曲的光线看起来就像来自更高的地方，于是腿看起来变短了。因为同样的原理和效果，水看起来比实际深度要浅一些。

夜光玩具是如何工作的？

在黑暗中可以发光的夜光星星、夜光衣服和夜光玩具等都含有被称为荧光粉的化学物质。当光线照射到荧光粉上时，它们吸收并储存光原子，然后再慢慢释放出来。所以，如果白天有光线照在它们上面，它们就会在夜晚关灯后持续闪亮一段时间。

术语表

波长
从一个波的顶部（或底部）到下一个波的顶部（或底部）的长度。

赤道
地球表面的点随地球自转产生的轨迹中周长最长的圆周线。

电磁波
包括可见光、X射线、无线电波等在内的一种能量波。

电磁波谱
所有不同电磁波的波长范围。

反射
光线在表面（分界面）上改变传播方向又返回原物质中的传播方式。

伽马射线
一种波长很短的高能电磁波。

光波
人眼可见的电磁波。

光缆
非常细且柔软的玻璃管，可以在内部传送光。

光束
光线的别称。

光线
一条线，在图中用于显示光的传播方向。

光源
发光的物体，例如太阳或灯泡。

轨道
绕着另一个物体旋转的路径，如卫星绕着行星旋转的路线。

黑洞
宇宙中的一个很小但密度极高的点，具有非常强大的吸引力。

红外线
一种波长比可见光略长的电磁波。

角膜
覆盖在眼球前部瞳孔上的弯曲的透明纤维膜。

晶状体（眼睛）
瞳孔后面透明的扁豆形器官，将光线聚焦到视网膜上。

镜头（设备）
一块透明的定型材料，例如玻璃或塑料，使光线折射并以特定方式弯曲。

可见光
可被人眼识别为光的电磁波的范围，包括从紫色到红色的颜色光谱。

能量
使事情发生或工作的力量。

视神经
把信息从眼球传到大脑的神经。

视网膜
眼球内部后侧的一层细胞，能够感受光的刺激。

瞳孔
眼球前部的小圆孔，是光线进入眼睛的通道。

微波
一种波长比可见光长的电磁波。

无线电波
一种波长比可见光长得多的电磁波。

X射线
一种波长比可见光短的电磁波。

星系
由数百万或数十亿颗恒星组成的巨大星团。

荧光粉
吸收光能后通过发光将能量释放出来的化学物质。

月相
月亮围绕地球运行的不同阶段所呈现的形状。

折射
光线从一种透明物质进入另一种透明物质时发生弯曲的传播方式。

锥体细胞
眼睛后部视网膜中的细胞，可识别不同颜色的光。

紫外线
一种波长比可见光稍短的电磁波。